我的昆虫朋友

蜜蜂很忙

[法] 弗洛朗丝·蒂娜尔（Florence Thinard） / 著

[法] 邦雅曼·富卢（Benjamin Flouw）/ 绘

谢 楠 / 译

中国画报出版社·北京

图书在版编目（CIP）数据

我的昆虫朋友：蜜蜂很忙 / (法) 弗洛朗丝·蒂娜尔著；(法) 邦雅曼·富卢绘；谢楠译. -- 北京：中国画报出版社, 2023.11

ISBN 978-7-5146-2287-4

Ⅰ.①我… Ⅱ.①弗… ②邦… ③谢… Ⅲ.①昆虫-少儿读物 Ⅳ.①Q96-49

中国国家版本馆CIP数据核字(2023)第175922号

Abeilles Et Vers De Terre © Gallimard Jeunesse, 2020
Text by Florence Thinard
Illustration by Benjamin Flouw

北京市版权局著作权合同登记号：图字 01-2023-3476

我的昆虫朋友：蜜蜂很忙

［法］弗洛朗丝·蒂娜尔/著　［法］邦雅曼·富卢/绘　谢　楠/译

出 版 人：方允仲
责任编辑：郭翠青
助理编辑：王子木
责任印制：焦　洋

出版发行：中国画报出版社
地　　址：中国北京市海淀区车公庄西路33号
邮　　编：100048
发 行 部：010-88417418　010-68414683（传真）
总编室兼传真：010-88417359　版权部：010-88417359

开　　本：16开（920mm×1040mm）
印　　张：3
字　　数：35千字
版　　次：2023年11月第1版　2023年11月第1次印刷
印　　刷：河北朗祥印刷有限公司
书　　号：ISBN 978-7-5146-2287-4
定　　价：49.80元

目 录

为什么要把蜜蜂和蚯蚓联系在一起呢？它们一个在天上飞，另一个在地下爬；一个采蜜，另一个不知道在地下忙些什么。

因为这两种平平无奇的小虫子给人类将近一半的食物带来了生命，比如向日葵、油菜花及西葫芦、草莓等。每一个苹果的诞生都得归功于给花儿授粉的蜜蜂，每一棵苹果树下的土壤里，都有一些蚯蚓忙着把枯叶转化为肥料，忙着在松土。

就这样，生命这根长长的线不仅连接着蜜蜂和蚯蚓、花朵和苹果，也连接着狗獾、鸟、蜘蛛、鼹鼠、蚜虫、鱼、树等动植物及肉眼看不到的微生物，当然，还连接着我们人类。所有这些相互联系的动植物和微生物生活在同一片阳光下，沐浴在同样的风雨里，构成一个有机的整体。

注：蚯蚓不是昆虫，而是属于环节动物。昆虫的主要特征是身体分为头、胸、腹三部分，长有 3 对足和 2 对翅。

大自然的英雄们

这是一个美丽的夏日清晨，西红柿沐浴在阳光下，绿叶蔬菜舒展开叶片，西葫芦躲在绿叶丛中，一切生机盎然。

这要归功于菜园里两位真正的英雄。

天热了，一个忙着从一朵花飞到另一朵花上采蜜；另一个则蜷成球状，在土里睡觉。

这两位英雄的形象并不是很好：蜜蜂会蜇人，蚯蚓黏糊糊的……但是，它们为整个大自然和人类提供着服务。

授粉

盛夏时节，约4万只蜜蜂在这里勤勤恳恳地劳动。方圆5千米内的大部分植物，都是这些蜜蜂为它们授粉。

在土里

潮湿、透气的土壤为植物的生长提供了良好的条件，同时也是蚯蚓和其他动物喜欢的地方。

结出果实

蜜蜂和花朵相遇后，雄蕊中的花粉粘到蜜蜂身上，再被运送到雌蕊上完成授粉，杏子、甜瓜、梅子等才能结出果实。

蜜蜂化石

在一块距今已1亿多年的琥珀中，人们发现了蜜蜂化石。与这只蜜蜂同时包裹在琥珀中的，还有4朵花。人们认为，这说明1亿多年前，蜜蜂就已经在花丛中活动了。当时，开花植物能在地球上繁衍生息，要归功于蜜蜂为它们授粉。

谦卑的"英雄"

蚯蚓是2亿多年前生活在海洋里的巨型蠕虫的远亲。它们在植物出现的同时来到陆地。世界上约有7000多种蚯蚓，陆正蚓作为其中一种蚯蚓，扮演着重要的角色。

黄金粪便

珍贵的蚯蚓粪能让土壤变得透气、肥沃。

生理结构

采蜜的身体

蜜蜂的身体是蜜蜂与花朵彼此协作了约1亿年的神奇产物：它那灵敏的舌头可以伸到花蕊里吮吸花蜜；全身都长着采集花粉的绒毛，连眼睛上都有；6条腿自带"花粉筐"，可以把花粉装到里面；甚至它的视觉功能都是为了适应花粉的颜色进化而成的！

眼睛

对光线很敏感，能够感知光线的变化，让蜜蜂知道自己在相对于太阳的哪个方位。

一对触角

触角能分辨气味，知道花蜜藏在什么地方，还能感受到跳舞的蜜蜂发出的振动频率，从而获得信息。

多面复眼

由约5000只"小眼"组成，保证蜜蜂能看到各个方向，包括身体后方。每只小眼都由细小的绒毛保护着，结构简单、视力较弱。

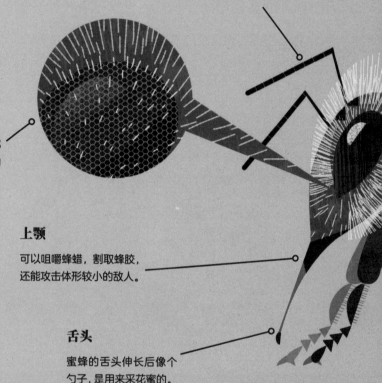

上颚

可以咀嚼蜂蜡，割取蜂胶，还能攻击体形较小的敌人。

舌头

蜜蜂的舌头伸长后像个勺子，是用来采花蜜的。

长腿的肚子

蚯蚓的体形很简单：是由大约150个体节组成的长条。它胃的后面是肠，一直延伸到肛门处。大部分器官都挤在"头部"：针头大小的"脑"、多个心脏、嗉囊、砂囊和生殖器官等。

食道

食物通过食道进入胃里。

嗉囊

暂时存储并湿润、软化食物。

砂囊

像一个口袋，研磨食物。

"鼻子"

蚯蚓没有鼻孔，"鼻子"也不是用来闻气味的，而是像钻头一样帮助蚯蚓往土里钻的。

口

把有机物（如碎叶、泥土等）吸入身体。

心脏

一般有5~7个心脏，通过挤压血管，让血液在蚯蚓体内循环。

雄性生殖孔

雄性生殖器官。

雌性生殖孔

雌性生殖器官。

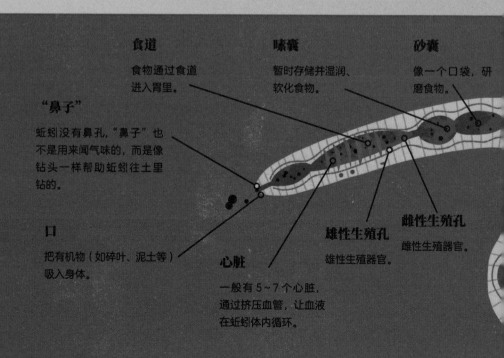

气门

作用相当于人类的鼻孔，让蜜蜂可以呼吸。

蜜囊

是蜜蜂的胃，最多可以装70毫克的花蜜，和蜜蜂的重量差不多。在这里花蜜开始向蜂蜜转化。

花蜜，在这里

蜜蜂只能看到3种"颜色"：绿色、蓝色和人类看不到的紫外线。对蜜蜂来说，黄色看起来是浅绿色，而橙色和红色看起来是黑色。为了吸引蜜蜂授粉，像虞美人这样的花，会在花心长出能反射紫外线的标记（在人类看来是一些黑色的小斑点），指引蜜蜂找到它们的花蜜和花粉。

两对翅膀

透明的薄膜上密布翅脉，让蜜蜂可以向前、后、侧面飞行。

钩爪

可以让蜜蜂挂在其他蜜蜂身上，形成蜂群。

花粉筐

在腿的外侧，像一个长满长毛的"小筐"，可以存放花粉。

螫（shì）针／螫刺

可伸缩，连接毒囊。

肠

位于第20~150体节。营养物质在这里被吸收后，剩余的残渣被排出体外。

刚毛

每个体节上有8根刚毛，可以抓地，让蚯蚓向前蠕动。

会呼吸的皮肤

蚯蚓没有肺，但是可以用非常薄的皮肤直接呼吸。为了吸收氧气，蚯蚓的皮肤会分泌黏液，保持体表湿润。蚯蚓一旦变干就一命呜呼了！可如果它在水底待太久，也会小命不保……

环带

肉肉的皮肤隆起的部分，又称生殖带，在生殖期能分泌黏液，形成卵茧。

肌肉

肌肉分为纵肌和环肌。内层是纵肌，长长的纵肌从身体一端延伸到另一端；外层是环肌。

肛门

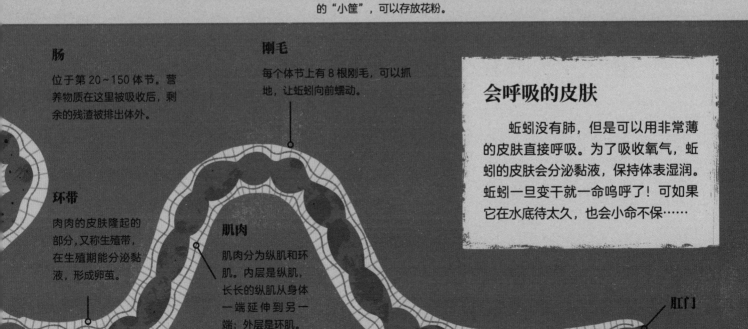

贡献

为花授粉

　　春天，苹果树开花了，花香四溢。一只寻找花蜜的蜜蜂停在一朵美丽的粉色花朵上，灵巧地把它的舌头伸到花蕊中。不知不觉，蜜蜂全身裹满了花粉，并把花粉带到另一朵花上，于是，果实开始孕育。

　　授粉是蜜蜂在大自然中极其伟大的使命，家养蜜蜂和野生蜜蜂给全世界80%的植物授粉，包括向日葵、兰花等。

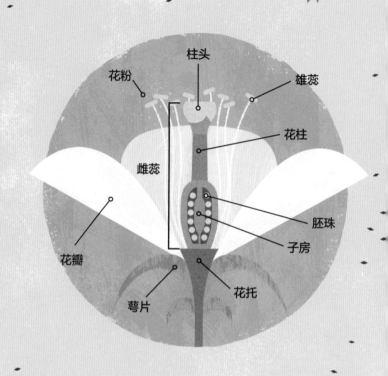

花粉　柱头　雄蕊　花柱　雌蕊　胚珠　子房　花瓣　萼片　花托

黑暗中的工程师

　　小小的蚯蚓在大自然中扮演着重要的角色，所以科学家给了它一个称号——"生态系统工程师"。通过挖地洞，它让空气在土壤中流通，让水渗透到土壤深处；通过吞食和消化土壤，它帮助土壤产生更多的腐殖质；最后，通过粉碎大块的垃圾碎片，它成为地表清洁链条中的第一个环节。

小小的栖所

蚯蚓打的地洞给细菌、真菌和其他微生物提供了完美的栖所。

❶ 采蜜

吮吸花蜜时，蜜蜂身上的绒毛会粘上雄蕊的花粉粒。

❷ 授粉

蜜蜂采另一朵花的花蜜时，就会把身上的花粉粒带到花的雌蕊上。就这样，一颗花粉粒深入到了子房，使胚珠受精。

❸ 果实

受精后，子房发育为果实：苹果、樱桃、猕猴桃、西红柿、葵花籽……

共同进化

1亿年以来，蜜蜂和花互帮互助，共同进化。为了实现共赢——蜜蜂采蜜、花被授粉——蜜蜂和花相互进化：蜜蜂的舌头进化到可以伸入大部分花的花蕊；花也进化出一些特征来吸引蜜蜂，如鲜艳的颜色、香气、大量的花蜜……

翻动土壤

每条蚯蚓每天能翻动1.5倍于自身体重的土壤。如果每公顷土地里有25万条蚯蚓，它们每年就能翻动300吨土壤。照这个速度，像英国这样大小的国家的土地，在50年内就会被蚯蚓翻一遍。

通风

在1平方米的土地里，蚯蚓打的地洞内壁与空气接触的面积达5平方米。

松土

蚯蚓在土里钻来钻去，把土壤中的铁、硫等矿物质翻到地表，并把有机碎屑带到土壤深处。

施肥

100万条蚯蚓，每年在每公顷（1公顷等于10000平方米）土地里产生40~100吨富含养料的粪便。

物质循环

蚯蚓嚼碎大的树叶，让比它更小的生物消化、吸收这些树叶碎片。

热闹的蜂箱

为了生存，一只蜜蜂需要与4万只工蜂和1只蜂后一起生活。这个组织严密有序的蜂群生活在蜂箱底部。

在蜂箱里，工蜂用蜂蜡建造了大约10万个巢房（六棱柱状的小蜡室），用来储存蜂蜜和花粉，也可用来产卵、孵化幼蜂。

工蜂通过振动翅膀扇风，让蜂巢的温度保持在35℃左右。工蜂还负责日常清理、饲喂幼虫或者照料不停产卵的蜂后。

建造巢脾（两面整齐排列着巢房的板状物）

❶ 腹部的蜡腺分泌液态蜡质，接触空气后凝结为蜡鳞。

❷ 用上颚咀嚼蜡鳞，使其成为有可塑性的蜂蜡。

❸ 用蜂蜡筑造壁厚为0.05毫米的近乎圆孔的巢房。

❹ 振动翅膀，使巢内温度升高到45℃，让蜂蜡融化，近乎圆孔的巢房受到液体表面张力，会自动变成六棱柱状。巢房连接在一起形成了巢脾。蜜蜂用最少的材料，建造了最大的空间。

挖洞专家

陆正蚓是挖洞专家，它可以一边挖洞一边吃饭。它挖的洞直径为8~11毫米，洞里会慢慢堆积起蚯蚓粪便。就这样，蚯蚓打造了一个地洞网络，它可以在地表及地下1~2.5米深的地方钻来钻去。

大体形"居民"

土壤中体形较大的"居民"有切叶蚁和蜗牛等。它们把叶子切割成碎片，再吃掉。

顶盖

通常是金属做的，保护蜂箱不受坏天气和捕食性动物的破坏。

副盖

小小的储藏间，冬天，养蜂人会把糖浆放在这里。

继箱

蜜蜂囤积过冬蜂蜜的储藏间，养蜂人可以从这里割取蜂蜜。

巢箱

蜂群的住所，巢脾所在之处。这里的子脾（培育蜂儿的巢脾）庇护着蜂后、卵、蛹、幼虫和它们的食物。

箱底板

采集蜂进出蜂箱的通道，由守卫蜂守护，一旦有捕食者和偷蜜贼入侵，守卫蜂便会激烈抵抗。

蜂箱，人类的发明

在大自然中，蜜蜂在树洞或岩洞里筑巢。在古代，为了更容易地获取蜜蜂储藏的蜂蜜，人类指引着分出的蜂群在表面涂有牛粪的灯芯草编篮、陶土罐或树皮筒里安家。19世纪以来，大部分蜂箱都是木质长方体形状的。

跳虫

伪蝎

小体形"居民"

一群跳虫和伪蝎在享用大体形"居民"们的粪便。

众多生物

一块充满活力的土地，是微小但种类丰富的生物的家园。

在1公顷土地里，有1~5吨蚯蚓和其他小动物，以及3吨微小真菌和1.5吨细菌。

"邻居"

蚯蚓和其他一些小动物生活在同一片土地中，有些住在地表，有些住在地下。

延续后代的飞行

在一个晴朗无风的日子里，蜂后飞出蜂箱，这是它第一次也是最后一次把触角探向外面。蜂后飞到空中是为了遇到雄蜂。交配后，雄蜂就会死亡。而蜂后则携带着数百万精子回到蜂箱，终身产卵，直到生命的尽头。它是所在蜂群所有成员唯一的母亲。

高强度飞行

蜂箱附近，成百上千只雄蜂飞来飞去，等待蜂后的出现。

蚯蚓的爱情

夜晚降临，两条蚯蚓在草丛里相遇。蚯蚓是雌雄同体的生物，也就是说，每只蚯蚓既有雄性生殖器官，又有雌性生殖器官。它们的环带，即靠近头部的一圈隆起的皮肤，开始肿胀并分泌黏液。多亏有了黏液，两条蚯蚓的头和尾、肚子和肚子才能粘在一起。

互赠精子

两条蚯蚓相互接收对方的精子，并把精子储存起来，使自己的卵受精。交配后，两条蚯蚓各自离开。

是皇后还是奴隶

蜂后出生一周后就飞出蜂巢，与雄蜂交配，大约获得9000万个精子。其中，约700万个精子会进入蜂后的储精囊储存起来。之后，蜂后根据自己的需要，让精子与自己的卵子受精。在3~5年间，蜂后每年要产下将近40万个受精卵。

雄蜂的艰难生活

雄蜂只有一个任务：让蜂后受精。但只有不到百分之一的雄蜂可以完成这个任务。雄蜂不能养活自己，因为它们的口器未进化，无法采集花蜜；它们也不能保护自己，因为没有螫刺。

当夏天结束，蜜源不足时，工蜂便不再给雄蜂提供蜂蜜，有时还会把雄蜂赶出蜂箱。

更敏感的触角和更大的眼睛让雄蜂更快地发现蜂后。

有力的翅膀也是为漫长飞行而生，以便等待蜂后。

蜂后

雄蜂

雄性生殖孔

卵茧

雌性生殖孔

产下卵茧

每条蚯蚓都借由环带产生卵茧，卵茧往头部的方向移动，经过雌性生殖孔时会接收一个卵子，经过雄性生殖孔时又接收到精子。

大功告成

既有卵子又有精子的卵茧继续向头部滑动，直至脱落。这时，卵茧里已经有受精卵了。

独生"子"

有些蚯蚓繁殖能力不太强：每年交配1次，产5~10个卵茧，每个卵茧中只有1个受精卵，发育成唯一的一条小蚯蚓。有些种类的蚯蚓繁殖速度要快得多：用于堆肥的蚯蚓每年大约产140个卵茧，繁殖出400条小蚯蚓。

生长

蜂群至上

夏天，蜂后夜以继日地产卵，每分钟产1个卵。也就是说，每天会有1400多个新生命来到世上。

蜂群需要严格有序的管理。因此，在短暂的一生中，每只工蜂都会任劳任怨地工作。在夏季，工蜂的平均寿命只有38天，春季有60天，冬季有140天。

为了蜂群的兴盛，蜜蜂毫无保留地奉献自己。有些蜜蜂会因精疲力竭累死在最后一次采水的路上。

❸ 蛹

第10~20天，在被蜂蜡封盖的巢房里，蜜蜂进行发育，长出腿、翅膀和眼睛等器官。

❷ 幼虫

第4~9天，在一个未封盖的巢房里，一只幼虫从蜂卵里爬出来，然后一直吃，直到体重增加900倍。

❶ 卵

如果蜂后让卵子受精，受精卵就发育成雌蜂；如果没有受精，卵子就发育成雄蜂。

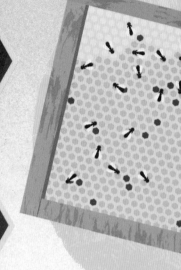

卵茧

交配后，每条蚯蚓都会产下卵茧。这个小小的卵茧，形状像柠檬，只有火柴头那么大，保护着里面的受精卵。

卵茧能承受刚出生的蚯蚓没法忍受的干旱和高温。出生后，蚯蚓会长得很快。

蚯蚓一般可以活3~8年，如果是养殖的蚯蚓，寿命可长达10年！

孵化

如果天气适宜（降雨、潮湿），卵茧一般在14天之后开始孵化。

❹ 成虫

第21天，成虫咬破封盖，从巢房里爬出来，开始舒展触角，抚平翅膀。

王台

是培育未来蜂后的更大的巢房，常建在子脾的两侧。蜂后的发育期更短，只有16天。

一生的使命

蜜蜂一生的使命是由其分泌物质的腺体决定的。腺体一旦形成，蜜蜂就要开始相应的工作。

第1~2天： 一出生，幼蜂立即开始工作，清理巢房，通过扇动翅膀使子脾温度升高。

第3~11天： 营养腺分泌蜂王浆，蜜蜂把蜂王浆喂给幼虫。

第12~17天： 蜡腺分泌蜂蜡，蜜蜂用蜂蜡建造巢脾，同时还负责运送食物，把食物填满巢房。

第18~21天： 位于上颚的腺体可以释放信息素。此时，蜜蜂成为蜂巢的守护者。

第22~45天： 蜜蜂开始在蜂箱附近飞来飞去，成为采集蜂，负责采集食物和水。

浅红色的"青少年"

几个小时后，小蚯蚓身体的颜色就开始加深。不到1天，它就长得和爸爸妈妈一样了。

成年蚯蚓

怎么辨别成年的蚯蚓呢？

蚯蚓在1岁左右性成熟时，头部后面就会出现浅黄褐色的环带，并分泌黏液，形成卵茧。

白色的"宝宝"

新生的小蚯蚓只有几毫米长，就像一根白丝线。

 进食

蜂蜜就是生命

成年蜜蜂从富含糖分的花蜜和蜂蜜中汲取能量，从花粉中获取蛋白质。花粉是蜂群唯一的蛋白质来源。工蜂大量食用花粉，分泌蜂王浆，饲喂幼虫。

食物是将蜜蜂联系起来的牢固纽带：通过相互传递浸有消化液的花蜜，它们交换了信息素（蜜蜂分泌的起传递信息作用的化学物质）。蜜蜂之间就是以这种"口口相传"的方式传达蜂后的指令的。

❶ 采蜜

工蜂把它的舌头伸入花蕊中，吸取香甜的花蜜，并把它们储存在自己的蜜囊里。

没有牙齿也能吃东西

蚯蚓没有牙齿，吃东西可不容易！但蚯蚓找到了一个解决办法：让细菌和真菌来帮忙。蚯蚓把它找到的食物（植物碎片、昆虫尸体、羽毛等）埋到土里，让细菌和真菌来分解。当它挖洞时，就大嚼特嚼这些分解物——每天吃掉相当于自身体重20～30倍的食物。就这样，蚯蚓帮我们"回收"了地面垃圾。

寻找食物

蚯蚓用尾巴勾住自己的洞口，再伸展身体直到可以用嘴衔到叶片，然后缩回洞中，同时把叶片拖回洞穴。

❸ 储存花粉

工蜂把花粉放入巢房里后，另一只工蜂会往花粉里掺入蜂蜜，并压实花粉。花粉经过发酵，变成了营养丰富的食物。

❺ 封盖

花蜜在不同工蜂的口中进行传递，转化为蜂蜜。最后一只工蜂把蜂蜜注入巢房后，就用蜂蜡把巢房封盖起来。

❷ 收集花粉

工蜂咬住雄蕊，将花粉粒摇落并搅拌，然后将其压在后腿的"花粉筐"中。

❹ 酿造蜂蜜

在工蜂的蜜囊里，花蜜开始向蜂蜜转化。回到蜂箱，工蜂把花蜜反吐到另一只工蜂的嘴里。

蜂王浆

前3天，所有的蜜蜂幼虫都吃蜂王浆，这是工蜂分泌的一种蛋白质和维生素的浓缩物。3天后，幼虫的食物变了：工蜂被喂的是水、花粉和蜂蜜的混合物，而未来的蜂后持续食用蜂王浆。工蜂表现出十足的奉献精神，每只工蜂负责喂养3只幼虫，每只幼虫平均每天要喂1000多次。

品尝

食物被分解成碎片后，蚯蚓就可以混合着泥土把它们吃下去。

宝藏般的蚯蚓粪便

在蚯蚓的肠道内，小小的奇迹发生了：土、微生物和食物碎屑混合，营养被吸收后，粪便被排出体外。蚯蚓的粪便很软，含有丰富的矿物质，植物们非常喜欢。

分解

蚯蚓把食物拖到洞的上层。在那里，食物被细菌、真菌等微生物分解。

天敌

捕食者和偷蜜贼

蜜蜂有可怕的敌人。

有一些动物会吃蜜蜂，比如鸟类、大黄蜂和蜘蛛等。熊或蜜獾则是打蜂孩子（包括卵、幼虫和蛹）和蜂蜜的主意，它们破坏蜂箱，扯掉蜂箱框。冬季，饥饿的啄木鸟有时会啄穿木头，捕食蜂箱中的蜜蜂。小型的寄生虫（如瓦螨或者蜂虱）会对蜂群造成巨大的危害。

棕熊

在冬初和冬末，棕熊需要蛋白质补充能量。然而，与人们通常的认知不同，棕熊更喜欢吃蜜蜂的卵、幼虫和蛹，而不是蜂蜜。

无处不在的天敌

许多动物都喜欢吃富含蛋白质的虫子，因此对蚯蚓来说，危险无处不在。

在空中飞的许多鸟类，从知更鸟到猫头鹰，从丘鹬（yù）到海鸥，都喜欢捉蚯蚓吃。地面上活动的动物，从狐狸、野猪等大型动物，到甲虫、刺猬等小型动物；从蹦蹦跳跳的青蛙到在地下挖洞的鼹鼠……都喜欢捕食蚯蚓。

拉锯战

乌鸫（dōng）正在把一条蚯蚓往地洞外拉，蚯蚓则用自己的刚毛紧紧地抓住地面。

用舌头捕食

蟾蜍迅速伸出它黏糊糊的舌头，瞬间就将蚯蚓吞入腹中。

黄喉蜂虎

这种有着橙色和亮绿色羽毛的鸟反应灵敏，经常在蜂箱外捕食蜜蜂。

赭带鬼脸天蛾

一种胸部斑纹是骷髅头图案的天蛾，它偷食蜂箱中的蜂蜜，身上密集的毛保护它不被蜜蜂蜇咬。

连环杀手

北方大黄蜂是蜜蜂和养蜂人都惧怕的昆虫。它在蜂箱底板前盘旋等候，一见到蜜蜂就冲上去，把它带到空中。北方大黄蜂会撕下蜜蜂的头、翅膀和腿，然后嚼碎蜜蜂的身体喂给幼虫吃。

它每3秒就可以捕杀2只蜜蜂。按这样的速度，5只北方大黄蜂足以杀死一整个蜂箱的蜜蜂。

蟹蛛

它隐藏在花朵下面，伺机而动，用强壮的前足捕捉蜜蜂等昆虫。

泥蜂

这种独居的泥蜂擅长捕捉蜜蜂，它用螯针刺蜜蜂的颈部，杀死蜜蜂。

贪吃者

野猪拱起一大片土，同时吞下找到的蚯蚓和植物的根茎。

锋利的牙齿

在鼹鼠的食物中，90%都是蚯蚓，它用锋利的牙齿嚼碎蚯蚓。

可怕的敌人

扁形虫是蚯蚓的天敌。它外表扁平、光滑，身体黏糊糊的，头部扁扁的，像个铲子，可长达40厘米。在吃掉蚯蚓之前，扁形虫会注射强效毒液来杀死蚯蚓。

自卫

牺牲精神

蜜蜂装备精良：工蜂有一根可自由伸缩的螯针，可以向袭击者注射一种很强的毒素。但一经使用，等待它的就是死亡，因为螯针上有很小的倒刺，像鱼叉一样，只要螯针刺入袭击者的皮肤，就会被钩住，还会连带着扯出蜜蜂腹部的毒囊。

不过，对工蜂来说，最重要的是守卫蜂巢、保护蜂蜜，让蜂群得以生存。即使有危险，它也会毫不犹豫地用螯针刺向敌人！

发布警报

守卫蜂发现入侵者后，会马上释放警报信息素，这种信息素能被它周围的蜜蜂接收到。

逃命

面对危险时，蚯蚓毫无招架之力，这就是为什么它只在夜间活动，而且一旦觉察到危险，它就溜到地下。

蚯蚓没有眼睛和耳朵，幸运的是，它对大地的震动非常敏感。蚯蚓体表有很多感光细胞，可以感知光线的变化。如果一只鸟从月亮前掠过，光线变暗，蚯蚓会感知到：还是回到安全地带吧！

重量级天敌

一只 10 千克重的狗獾，有着锋利的爪子、灵敏的嗅觉，它还可以接收到地下的超声波。此刻它来到了菜园。

逃回地洞

蚯蚓感受到大地的震动，立即以 1.5 厘米 / 秒的最快速度冲进地洞。

进攻

警报信息素作用于蜜蜂的神经系统，让它们变得具有攻击性。蜂群开始进攻。

自动注射毒素

即使蜜蜂腹部的毒囊被扯出，因痉挛而晃动的毒囊也会继续把毒素输送到螫针上。

维护统治

蜂后的螫针光滑，没有倒刺，毒囊也比工蜂的大2倍，因为蜂后需要打败竞争对手，确保自己对蜂群的权威统治。蜂后出生后，刚从巢房爬出来，就赶往其他王台，用螫针一个接一个地杀死其他的蜂后蛹。

蜂毒

蜂毒是水和十几种有毒物质的可怕混合物，会引起强烈的过敏反应。其中一种物质可以分解细胞，使毒素扩散开；另一种物质可以阻止血液凝固；还有一种物质有消炎的作用，能减缓被蜇者的防御反应。

有危险

哎呀！一只鼹鼠正全速冲向蚯蚓。在死之前，蚯蚓会释放出一种有气味的液体，用来警告其他蚯蚓：这里有危险。

蚯蚓的体液

受到攻击的蚯蚓会从背孔喷射出一种黏黏的液体，散发着很浓的大蒜味。这种体液含有信息素，可以警告其他蚯蚓赶快逃离。

行动

为采蜜而飞

　　成为采集蜂，就意味着一生中大部分的时间都得在花朵和蜂箱之间往返。花粉源有时距离蜂箱好几千米，甚至十几千米。要飞过去，蜜蜂每秒大约需扇动翅膀230次，连续飞行的速度达到25千米/小时。如果需要，蜜蜂飞行的最高速度可达60千米/小时。蜜蜂一般在离地面10～30米的高度飞行，如遇大风，蜜蜂也会超低空飞行，躲过一个又一个的小灌木丛。

动力

离巢前，工蜂会吃大量的蜂蜜，为飞行提供能量。

嗡嗡声

蜜蜂的嗡嗡声混杂了它扇动翅膀的声音及肌肉收缩引起的胸腔振动的低沉声音。

飞行学徒

幼蜂出巢后，会将头部转向蜂箱，它要记住蜂箱的位置和周围风景的颜色。多亏了蜜蜂腹部的臭腺，守卫蜂可以用它释放信息素，指引幼蜂回巢。

管状肌肉

　　蚯蚓借助肌肉的力量，通过伸长和收缩身体的各个部位蠕动，每年最多能爬20米。蚯蚓能把它的"鼻子"伸到地表缝隙里，通过收缩肌肉，让自己钻进地下。

　　蚯蚓能搬动60倍于自身体重的东西，所以被称为世上最有力的动物之一（根据比例）！

收缩环肌

为了让身体往前移动，蚯蚓身体后部的刚毛抓地，并收缩环肌，使身体向前伸长。

收缩纵肌

蚯蚓身体前部的刚毛抓地，并收缩纵肌，使身体缩短，牵引身体后部向前。就这样，环肌和纵肌交替收缩，使蚯蚓向前蠕动。

多方向飞行

翅膀基部的翅关节让蜜蜂可以往各个方向飞。

蜂翅

由半透明、坚实的膜组成，膜上分布着翅脉。翅膀与胸部的肌肉相连。

绒毛助飞

蜜蜂的每一根绒毛都起到了快速调整飞行的作用，就像飞机机翼上的襟翼一样。

抗风

飞行中，蜜蜂的前翅和后翅由 20 个细的翅钩连接，以减少空气湍流的影响。

太阳之舞

食物在哪里？为了传递食物所在地的信息，蜜蜂会在蜂群中"跳舞"。找到蜜源的工蜂能非常精确地指出"宝藏"所在。其他的蜜蜂是通过观察它并闻它身上散发的气味知道这些信息的。

如果蜜蜂跳"圆圈舞"，意味着蜜源离蜂巢很近，不到 100 米。

如果蜜蜂跳"8 字舞"，意味着蜜源离蜂巢比较远。根据蜜蜂跳舞时转的圈数、快慢以及倾斜度，可以看出蜜源的距离、位置、蜜源是否充足。蜜蜂身上还有它采的花蜜的气味，工蜂大部队跟着气味就可以找到蜜源了。

都是肌肉

蚯蚓每个体节都有环肌，从"鼻子"到尾部都有纵肌。

钻入地下

蚯蚓没有眼睛，但是身体表面有很多感光细胞，再加上触觉灵敏，即使身处黑暗的地下，蚯蚓也能给自己定位。

刚毛支撑身体

蚯蚓的每个体节有 8 根刚毛，像钩子一样的绒毛朝向身体后方。你可以这样感受刚毛：用手指触摸蚯蚓腹面，会有粗糙的感觉；或者让蚯蚓在锡纸上爬行，刚毛与锡纸摩擦会发出"沙沙沙"的响声。

环肌

刚毛

纵肌

恢复生机勃勃

2月，度过冬天的蜜蜂恢复生机，蜂后也开始产卵。当蜂箱外的温度达到11℃时，工蜂就会冲向第一批开花的植物（蒲公英、榛树、柳树等），采集花粉。春天的蜜蜂耗尽它们短暂的一生来喂养幼虫、补充食物、采集水分。4月，它们会出现在果园，飞向金合欢树和满是野花的草地。

等候的雄蜂

4月中旬，雄蜂诞生了，它们等待着附近蜂箱里的蜂后飞出来。

挖洞、产卵

春天，大地复苏，蚯蚓也开始活动起来。

3~4月，蚯蚓在被春雨浇过的松软土壤中挖掘蚯蚓洞迷宫。

春天的夜晚凉爽而又湿润，这是一条蚯蚓与另一条蚯蚓交配、产下卵茧的最佳时机。

真松软啊

草莓、西红柿和西葫芦的幼苗可以轻易地把它们的嫩根扎进蚯蚓翻耕过的土壤中。

繁忙的生活

所有生活在土壤表层的蚯蚓，忙着觅食、挖洞、产卵。

蜜蜂的生活离不开水

春天，蜜蜂需要大量的水。饲养幼蜂需要把干花粉浸湿，水是必不可少的。随着幼蜂越来越多，用水量也会大大增加。哺育蜂还需要用水来溶解储存的蜂蜜，因为蜂蜜在冬天会硬化结晶。为了减轻工蜂运水的沉重负担，很多养蜂人会在蜂箱附近放一个饮水槽。

榛树

一个榛树花序每天可以产生大约 500 万颗花粉粒。

蒲公英

蒲公英早早开花了，花上满载着花粉。对蜜蜂来说，蒲公英花是意外之喜。不要铲除蒲公英，就让它们在花园里尽情开放吧！

蜂后和它的群臣

在蜂后高强度产卵的时期，它日日夜夜被一群工蜂围着。工蜂会定期换班，照顾蜂后，给它喂蜂王浆。

蜂后通过释放信息素来告诉工蜂它是否能担负起蜂群的未来、是否需要培育新的蜂后。

热闹的土地

春天，小动物们（蜘蛛、跳虫、蚜虫、瓢虫等）重新恢复活力，开始繁殖。

别用铁锹

春天，菜农们也很勤快。为了不伤害蚯蚓——能干的土壤小助手，谨慎的菜农不用铁锹，而用长柄叉来耕地，以保护蚯蚓。

夏天

活动高峰期

夏天，蜂群的活动非常活跃，达到了顶峰。工蜂疯狂地采集花蜜和花粉，巢脾里装满了蜂蜜。每年6月中旬到7月初，蜂箱中蜜蜂的数量最多，有4万~6万只蜜蜂都是在5月出生的。

到7月中旬，蜂后产卵量急剧下降，工蜂停止建造巢脾。8月，白昼变短了，蜜源减少，为了蜂群生存，工蜂有时会把雄蜂赶出蜂巢。

花田

蜜蜂采集种植植物（向日葵、栗树等）或野生植物（椴树、蒲公英等）的花蜜。

甜甜的香味

6月，蜂箱附近有浓郁的蜂蜜香味，但这并不是靠近蜂箱的好时机，因为守卫蜂正处于高度戒备的状态！

蜜仓

如果蜜蜂身体健康，花蜜也充足，那么整个夏天养蜂人可以在继箱中收获20~40千克的蜂蜜。

夏眠

在炎热干燥的天气里，蚯蚓会钻到土壤更深处的洞穴里，那里总是比地表凉爽得多。

蚯蚓蜷成一团，然后开始了长长的睡眠。

这种深度睡眠叫作夏眠，蚯蚓的身体机能（呼吸、消化等功能）也减弱了……直到下了一场雨。

圆形洞穴

这个圆形的小房间里涂上了由土、蚯蚓的黏液和粪便混合而成的"水泥"，可以阻止水分蒸发。

树莓花蜜

夏天，大多数花朵凋谢，花蜜变得稀缺。幸运的是，即便树莓已经结果，它也会一直开花到9月。这是多么充足的蜜源！一朵树莓花每天能产生3~6毫克的花蜜。更妙的是，树莓的叶片上会出现蜜露——蚜虫或介壳虫吸食植物汁液后排出的一种微甜的液体，更不用说香甜的树莓汁了……在灌木丛中，一切都很美味！

搬家

每年5~6月，如果蜂巢"蜂满为患"，蜂后可以决定分蜂，带走蜂巢一部分蜜蜂，建立一个新的蜂群。搬家前，蜜蜂们个个饱食蜂蜜，将蜂蜜储存在蜜囊中。然后，蜂后飞离蜂巢，后面紧跟着成千上万的蜜蜂。蜂群成了一个嗡嗡叫的移动的大球。在找到合适的筑巢位置前，它们会暂时在附近的一棵大树上落脚。

热死了

天气非常炎热时，一些生活在土壤表层的蚯蚓会被热死，除非它们在蔬菜叶片下找到庇护所。

天赐良机

在生长过程中，蔬菜把根伸到蚯蚓挖的洞里，这样更容易吸收到水分和养料。

蜷成球状

蚯蚓蜷起来是为了减少皮肤表面与热空气的接触，同时它也会分泌黏液来保持水分。尽管如此，蚯蚓还是会失去体内一半的水分。它迫不及待地等着下雨，或者有人浇水……

秋天

最后的储备

9月，蜂巢中蜜蜂的活动略有恢复。蜂后每天只产约200个受精卵，这些卵孵化成"越冬蜂"，寿命比夏天工蜂的寿命长得多。

10月15日左右，蜂后完全停止产卵。

11月，如果蜂巢附近的常春藤开花，蜜蜂就可以采集最后的花蜜，填满巢脾。然后，蜜蜂就准备迎接寒冬了。

昆虫真多

在晴朗的秋日，我们老远就能听到蜜蜂、黄蜂和甲虫的嗡嗡声，它们在享用着常春藤的花蜜。

12℃以上

秋季，只有气温超过12℃，蜜蜂才会外出采蜜。

雨水万岁

9月的雨吹响起床号，唤醒了蚯蚓。蚯蚓恢复了春天时的活动：挖洞、交配、产卵。

大雨灌满了蚯蚓洞。我们可能担心蚯蚓会被淹死，但是蚯蚓在水里可以靠皮肤呼吸，其皮肤分泌的黏液能溶解充足的氧气。

吧唧吧唧

蚯蚓慢慢吃掉了蔬菜的枯叶，并排出含有腐殖质的粪便，使土壤更加肥沃。

26

天然抗生素

蜜蜂有一个秘密武器帮助它们过冬——蜂胶。

蜜蜂从胶源植物上采集树脂，然后将树脂和自己的分泌物、蜂蜡及花粉混合，从而得到这种有香味的、可以消毒的黏性固体胶状物。工蜂将蜂胶涂抹在蜂箱入口处来抵挡霉菌、细菌和寒流的入侵。

常春藤蜂

常春藤蜂，拉丁学名是 *Colletes hederae*，1993年才被发现。这是一种独居的蜜蜂，会在斜坡、枯枝或者蜗牛的壳里筑巢。临近冬天，常春藤蜂的生命也快走到尽头，临死之前，它会产下受精卵。待到来年春天，孵化后的幼虫就吃妈妈留下的常春藤花粉，它们也只吃这种花粉。

最后的花

常春藤，攀缘灌木，叶子茂盛，是开花较晚的植物。它的花蜜是秋冬的蜜饯，也是留给秋冬采蜜的蜜蜂的。

扎根

卷心菜、芜菁、胡萝卜……它们在蚯蚓疏松过的土壤里扎根，吸收着蚯蚓生成的营养肥料。

理想场所

充足的水分和温暖的土壤是微型动物（小于0.2毫米的动物）和微生物（细菌、真菌等）的理想生活环境。

粪便

在森林散步时，你会发现地上散落着一小堆细条状的"泥土"：这是以枯叶为食的蚯蚓的粪便。它们是营养丰富的肥料。

冬天

团结起来

　　为了过冬，蜂群围在蜂后周围，振动翅膀，释放热量。因此，即使在室外温度−10℃的时候，蜂群也能保持至少20℃的温度。最外围的蜜蜂能耐得住8℃的低温，当它们感觉太冷时，就会移到中间取暖。蜂群会吃自己储存的食物来过冬。如果蜂蜜吃完了，养蜂人就要马上给它们带糖来！

冒险外出

如果气温突然下降到8℃，那些冒着生命危险外出的蜜蜂就会掉在地上被冻死。

采水

当阳光让气温上升到10℃时，蜂群就会松动，一些蜜蜂会外出找水。

冬眠

　　蚯蚓是冷血动物，没法调节自身体温，只能忍受外界的低温。因此，当冬天来临时，它就钻进地洞，那里不像地表那么冷。在小洞穴里，蚯蚓蜷成球状，陷入冬眠。在这个过程中，它不吃任何食物，只吸收极少的氧气。如果连续几天没有霜冻，它就醒来了！

太冷了

当离地面10厘米深的土壤温度下降到8℃时，生活在土壤表层的蚯蚓就冻死了。

慢节奏生活

在冬天，土壤生物的活性明显降低，大部分微生物（真菌、藻类等）消失。

清洁第一

为了避免弄脏蜂箱，整个冬天，蜜蜂都把粪便存在肚子里，直到它们可以飞出蜂箱。

越冬蜂

越冬蜂出生在9月，和夏天的蜜蜂非常不同。越冬蜂体形更大，头部和腹部的脂肪能让它们更好地御寒。它们的寿命更长，最多可以活6个月。

另外，越冬蜂分泌的驱使自己觅食的激素很少，原因显而易见：它们的主要作用不是觅食，而是让蜂群顺利过冬（保持蜂群温度、喂养蜂后），为春天的到来做准备。从第二年的2月起，越冬蜂会承担喂养幼虫、采集第一批花粉的责任。一旦后继有"蜂"，它们也就完成了自己的使命，就此死去。

冬季蔬菜

菜园里只剩下卷心菜、葱等抗寒的蔬菜，除此之外什么都没有了。

鼹鼠的储藏室

里面胡乱堆着数百条蚯蚓。鼹鼠会咬断蚯蚓的头，把它们储存起来当作过冬的食物。

冬季粪肥

冬天，菜农用粪肥增加土壤肥力。粪肥由植物的根茎枝叶和动物（马、牛、猪、山羊、鸟类和蝙蝠等）的排泄物组成。

蜜蜂与人类

蜜蜂生产蜂蜜，全世界每年能收获约180万吨蜂蜜。但是蜜蜂尤其是野生蜜蜂对人类最巨大的贡献是传粉。

这项免费劳动每年创造的价值高达约11000亿元人民币。人类食物中的植物大部分都依赖于蜜蜂的传粉：水果（杏、樱桃、桃、苹果、猕猴桃、草莓、甜瓜、西瓜等）、油料作物（油菜、向日葵等）、蔬菜（西葫芦、西红柿等）、牲畜的草料、可可、咖啡……

防蜇

养蜂人穿的连体工作服是白色的，因为深色会让蜜蜂变得更有攻击性。这种连体工作服还配有薄纱面罩，以防养蜂人被蜇。

收割蜂蜜

每年4~11月，养蜂人取出继箱，割取蜂蜜，那时超过80%的巢房都装满了蜂蜜。

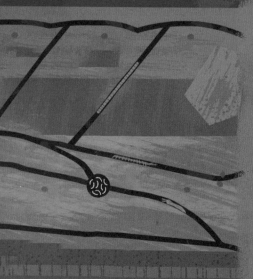

蚯蚓与人类

小小的蚯蚓在人类的生活中起着重要的作用：它使土壤肥沃，土壤滋养植物，植物又为动物和人类提供食物。这项工作贡献颇大，爱尔兰的一项研究表明，每年蚯蚓松土施肥创造的价值约为70亿元人民币。此外，蚯蚓还能做很多其他的事情……

净化废水

在一个"蚯蚓过滤器"中，每平方米有2.5万条红蚯蚓吞噬被废水浇过的土壤，清除其中的废物。水在15分钟内就变干净了。

蜂蜜作坊

养蜂人用刀割开蜂蜡做成的封盖，让巢脾里的蜂蜜流下来，然后过滤、装罐。

喷烟器

干草在装有风箱的金属罐里燃烧，产生的浓烟把蜜蜂赶出蜂箱，以便养蜂人收割蜂蜜。

蜜蜂的产物

自古以来，人类就从蜜蜂和它的劳动中获利。

蜂蜜：有香味的糖浆，可作营养品和调味料，也可美容护肤。

花粉：富含糖、蛋白质、矿物质，是一种优质的天然补品。

蜂胶：以糖浆或片剂的形式服用，可调节人体免疫力。

蜂蜡：可用来擦亮、保养木料和皮革，也可制作蜡烛、肥皂和化妆品。

蜂王浆：富含维生素B和矿物质，有助于抗疲劳。

蜂毒：可以缓解关节疼痛和风湿病。

养殖蚯蚓

蚯蚓非常安静好养。人们可以将安德爱胜蚓和赤子爱胜蚓养在一个"蚯蚓堆肥器"中，这是一个可以放在阳台上的大的密闭容器。这些蚯蚓吞掉厨房垃圾，给土壤提供腐殖质。

制造肥料

蚯蚓养殖场大规模生产蚯蚓粪。将蚯蚓粪撒在田地里做肥料，可以提高农作物的产量。

吸引鱼类

尽管不情愿，蚯蚓还是参与了垂钓业，扮演着诱饵的角色。

蜜蜂发出紧急求救信号

在法国，每分钟有2.5万只蜜蜂死去。

30年间，法国蜂蜜的产量从3.5万吨下降到不足2.8万吨。其他国家的蜂蜜产量也在大幅度下降。

排名前几位的蜜蜂杀手分别是：农药、北方大黄蜂、小型瓦螨和食物不足。

不仅蜜蜂受到影响，1/5的传粉者都面临灭绝的威胁。

黄腿杀手

为了喂养幼虫，北方大黄蜂会捕食很多昆虫，蜜蜂占了大黄蜂摄食昆虫数量的2/3。

蚯蚓减少

这是一个令人震惊的数字：在法国，80%的蚯蚓已经从耕地中消失。混凝土道路的修建、拖拉机车轮的碾压、周围环境的严重污染，都会导致蚯蚓数量下降。然而蚯蚓对植物来说是必不可少的，而且，一些野生蚯蚓并不适合人工养殖。人类能轻易杀死蚯蚓，却很难让它们的数量成倍增加。

切割

犁和旋转耙（用于打碎土块）造成蚯蚓大量死亡。犁完地后，该片土地里25%的蚯蚓死亡；耙完地后，70%的蚯蚓死亡。

小型杀手

瓦螨是一种小型寄生虫，它吸食蜜蜂的体液，还会传播病毒，危害蜜蜂。

农药

　　植物生长时，叶片会蒸发水分，水分在叶片形成水滴，这是传粉者最喜欢的水源。

　　然而，为防害虫，向日葵或油菜花等农作物都被喷洒了杀虫剂。它们叶片上形成的水滴中含有的新烟碱类物质比杀死蜜蜂所需的量多1万倍。这种农药能够收缩昆虫的肌肉和心脏，导致它们死亡。人们已意识到农药的危害并采取了措施。在法国，经过与杀虫剂生产商和工业化种植的农民的激烈斗争，蜜蜂捍卫者们成功让政府颁布了自2019年起禁止使用部分农药的禁令。但是，其他新烟碱类农药仍被允许使用。

碾压

拖拉机和拖车的重量在 20~40 吨，这个重量会摧毁土壤深处蚯蚓的洞穴。蚯蚓也没法再在紧实的土壤里挖洞。

一不能变二

　　与通常的说法不同，一条被切断的蚯蚓不会重生成两条蚯蚓。只有切断的部分含有维持生命所必需的器官（脑、心脏、胃、环带等）和一段肠道，蚯蚓才有机会结痂愈合，存活下来。

援助

杂草万岁

蜜蜂受到如此大的威胁，它比任何时候都更需要外援。让我们在花园里、空地上、树下或阳台上种一些蜜源植物吧。

如果你不擅长种植物，也可以选择吃不含杀虫剂的水果和蔬菜，这对传粉者和你自己的健康都有好处。

水

水对于蜜蜂和鸟类都至关重要。在蜂箱周围，放一个装有水和鹅卵石的浅盘子，是再好不过的了。

昆虫旅馆

野生蜜蜂需要一些小槽（空树干、竹管等）产卵，并为幼虫储存花粉。

保护蚯蚓

为了保护蚯蚓，聪明的菜农学会了在不翻土的情况下耕种菜园。

因为把土翻过来会毁掉蚯蚓挖的洞。菜农在翻土的同时也把蚯蚓的世界颠倒了：那些生活在土壤表层的蚯蚓被翻到了太阳下，被晒干；而那些生活在树叶中的蚯蚓被埋到土壤深处，被压死了。

零农药

切勿使用任何使土壤、蚯蚓吃的叶子和草变得有毒的化学产品。

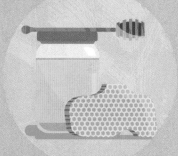

本土蜂蜜

为支持当地的养蜂人，尽量购买本地生产商生产的蜂蜜。

轮流开花

植物轮流开花：在法国，春天是三叶草和勿忘草，夏天是薰衣草和向日葵，秋天是欧石南和常春藤。

幸存下来的野花

一块被割草机遗忘的草地上长满薄荷、牵牛和荆条，它们的花蜜是蜜蜂的最爱。

"浸汁液"

为了让传粉的昆虫避开有毒物质，也为了吃到更健康的果蔬粮食，一些农民不再使用农药，而用一种古老的方子来除去杂草和害虫。植物在水里浸泡许多天后，会产生相应的汁液，我们将这种汁液叫作"浸汁液"。

这种汁液很臭，但它有惊人的效果，比如大黄汁可以击退毛毛虫和鼻涕虫，大蒜汁可以消灭显微镜下才能看见的真菌。

绿肥

想要使土壤肥沃，保护土地，让植物长得更好，绿肥是再好不过的选择：将收割后的紫云英或油菜，留在地里沤烂，就成了一种绿肥。

蚯蚓喜爱的土壤

蚯蚓喜爱覆盖着枯叶、割掉的青草和厨余垃圾（生菜叶、卷心菜叶、洋蓟叶等）的土壤。

齿耙

长柄叉和齿耙并不像铁锹那样会把蚯蚓切成两段。

城市生活

城市里的蜂箱

近些年来，欧洲一些城市在公共建筑物的屋顶安装了蜂箱。在欧洲，城市生活看似对蜜蜂有利——城市比农村的温度高，一年四季都有鲜花，使用的农药也比农村少得多。但养蜂人不认同这一看法，在他们看来，生活在城市里的蜂群养活自己都成问题，更别提收割蜂蜜了。即使有时蜜源植物充足，也被废气污染了。

住宅区的蜜蜂

在那些一半是房子一半是花园的街区，蜜蜂数量最多。

阳台花园

所有蜜蜂都喜欢芳香的盆栽植物的花蜜，比如百里香、迷迭香、薄荷、鼠尾草、洋甘菊、马鞭草等。

蚯蚓的地狱

随着城市的扩张，法国的农业用地在逐渐减少。每过10年，就有相当一部分农业用地被埋在了大楼、广场、停车场、商业区和道路的下面。在这些人造的、混凝土压实的、完全防雨的地面下，我们几乎找不到任何活着的生物，更不可能有蚯蚓！

水

城市比乡村的温度高 3~10℃，并不适合喜欢凉爽潮湿环境的蚯蚓。

空气

在一些公路干线、火车站和铁轨周围，土地被燃料燃烧排放的废气污染了。

"花弹"

把城市的小角落变成蜜蜂的食物来源，方法很简单：一点儿黏土粉、一点儿盆栽土、花籽、一撮防止其他动物吃掉花籽的胡椒粉，再加一点点水，把它们揉成球状，做成"花弹"，晾干，然后把这些"花弹"扔到荒地里、院子里、树下……接下来就耐心等待花籽发芽开花吧。

巴黎的蜜蜂

在巴黎，大约有 700 个蜂箱在嗡嗡作响，它们在巴黎歌剧院和奥赛博物馆的屋顶上、卢森堡公园里……

"漂绿"

是指高污染行业的企业，比如汽车制造公司或混凝土生产公司，在他们办公室的屋顶上安装蜂箱，以树立环保假象的行为。但这并没有改变企业高污染的事实。

这种"漂绿"行为让蜂群不能正常觅食，从而处于危险之中，还会招来外来的蜜蜂，与本地蜜蜂形成竞争。

历史污染

在欧洲的一些街区，土壤中积累着几个世纪以来工业活动排放的污染物：金属、油脂、有机化合物、废料、建筑垃圾……这些对蚯蚓和土壤中的其他生命没什么好处。

柏油路

柏油马路上铺着一层由沙子、砾石和沥青组成的混合物，其中沥青是从石油中提炼的，受热会挥发出化学物质，造成空气污染。

逃到花园

由于农村耕地被频繁耕犁，农民过度使用化肥、农药，越来越多的蚯蚓逃到城市的花园里。

表亲

蜜蜂种类

人们野餐时，一只有条纹的小飞虫被含糖食物吸引，在食物上方嗡嗡叫着。这是哪种昆虫呢，是家蜂，是野生蜜蜂，还是与蜜蜂长得像的另一种昆虫？无论是哪种，都不要慌，也不要有大动作。就让它停在一块甜瓜上，我们来观察它就行……

熊蜂

身体浑圆且毛茸茸的，生活在小蜂群里，能酿造蜂蜜。目前，法国有34种熊蜂。而中国已发现的熊蜂多达125种，是全世界熊蜂物种资源最丰富的国家。

花黄斑蜂

有着鲜明的黄色和黑色花纹，它把卵产在一个用叶子茸毛做成的"棉球状"的巢里。

食蚜蝇

这种昆虫（只有两只翅膀）穿着有条纹的外衣，伪装成黄蜂，但其实，苍蝇才是它的近亲。它是完全无害的传粉者，飞得非常快，经常悬空飞翔。

地下各层的蚯蚓

生活在地下的蚯蚓有很多。在美丽的草地上，每平方米生活着大约400条蚯蚓，它们可能有10多个种类。从地表到土壤深处都有蚯蚓居住，不同种类的蚯蚓住在不同深浅的土壤层里。

土壤表层

在土壤表层生活的蚯蚓身体细长，呈浅红色或红褐色，长1~5厘米。它们直接吃有机物和腐烂的植物。这些蚯蚓包括用于堆肥的赤子爱胜蚓及藏在枯叶下生活的其他蚯蚓品种。

普通黄胡蜂

亮黄色条纹和黑色条纹相间，腰部纤细，绒毛较少。胡蜂是肉食性动物，少部分群居，绝大部分独居。

黄边胡蜂

群居昆虫，捕食蜜蜂，也以花蜜、树液、甜的果实为食，用自己嚼过的木料筑巢。

野生蜜蜂

在约2万种野生蜜蜂中，绝大多数是独居的，它们不筑巢脾，也不产蜂蜜，但它们承担了世界上绝大部分的授粉工作。

它们用身体的绒毛收集花粉，因为没有蜂群需要喂养，所以更容易把花粉传播出去。与四处采蜜的家蜂相反，野生蜜蜂通常只吃一种植物的花蜜。

这些野生蜜蜂只活一个季节，在一个单独的巢穴里产卵。这种巢穴有的是在土里挖的，有的是用树叶、花瓣或者中空的根茎做成的。像家蜂一样，野生蜜蜂也因化学产品的污染，以及花朵、野草和树篱的消失而大量死亡。

地下浅层

生活在地下浅层的蚯蚓体形中等，长10~15厘米，呈粉色或灰色，以混合了土壤的有机物为食。它们挖的洞不只是纵向的，有时也有横向的。有些蚯蚓把细长的身体附在植物的根上，有些蚯蚓在潮湿的环境里把身体团成球状，吸收水中的营养物质。

土壤深处

生活在土壤深处的蚯蚓（如陆正蚓），体形较大，长10~30厘米，呈浅红色、浅灰色或褐色。它们在地表衔住食物，通过纵向的蚯蚓洞将其拖到土壤深处。